Schnittpunkt 9/10
Mathematik

Kompakt

Rainer Maroska
Achim Olpp
Rainer Pongs
Claus Stöckle
Hartmut Wellstein
Heiko Wontroba

Ernst Klett Verlag
Stuttgart · Leipzig

Bildquellenverzeichnis
U1.1: Getty Images Deutschland GmbH – 88.2: Mauritius (age fotostock), Mittenwald – 88.3: Corbis (Randy Faris), Düsseldorf – 88.4: Getty Images (FoodPix), München – 88.5: Getty Images (photonica/Hoshikawa), München – 89.1: Corbis (creasource), Düsseldorf – 89.2: Corbis (Stevenson), Düsseldorf – 89.3: Getty Images (photonica/Neo Vision), München

1. Auflage 1 7 6 5 4 | **2015 14 13 12**

Alle Drucke dieser Auflage sind unverändert und können im Unterricht nebeneinander verwendet werden. Die letzten Zahlen bezeichnen jeweils die Auflage und das Jahr des Druckes.

Internetadresse: www.klett.de

Autoren: Rainer Maroska, Achim Olpp, Rainer Pongs, Claus Stöckle, Prof. Dr. Hartmut Wellstein, Heiko Wontroba
Redaktion: Annegret Weimer, Elke Linzmaier

Zeichnungen / Illustrationen: Uwe Alfer, Waldbreitbach
Umschlagfoto: Getty Images Deutschland, GmbH

Reproduktion: Meyle + Müller, Medien-Management, Pforzheim
Druck: Druckhaus Götz GmbH, Ludwigsburg
Printed in Germany

ISBN 978-3-12-740398-5

9 783127 403893

Inhalt

Alles in allem

In den letzten beiden Jahren sind dir im Mathematikunterricht manche Themen immer wieder begegnet. Viele Ideen und Herangehensweisen konntest du wieder aufgreifen und weiterentwickeln. Auch in den nächsten Jahren werden dich einige dieser Leitideen wie rote Fäden durch die Mathematik begleiten:

Zahl – An Zahlen denken viele Menschen als Erstes, wenn sie Mathematik hören. Zählen und Rechnen mit natürlichen Zahlen, aber auch der Umgang mit Brüchen, Dezimalbrüchen … sind unter dieser Leitidee zusammengefasst.

Raum und Form – Bestimmte Figuren, Muster und Formen begegnen uns überall: Vierecke, Kreise, Würfel, Prismen … Wir untersuchen und beschreiben ihre Eigenschaften und Besonderheiten und lernen, womit wir rechnen können.

Messen – Geld, Zeit, Gewicht, Länge, Volumen – vieles wird gemessen und verglichen. Dafür werden Maßeinheiten festgelegt und mit den gemessenen Größen gerechnet. Manche Berechnungen werden immer nach dem gleichen Schema durchgeführt, für solche Berechnungen stellt man Formeln auf.

Funktionaler Zusammenhang – Oft gibt es im Alltag Abhängigkeiten zwischen Größen wie Temperatur und Wasserstand. Für die Beschreibung solcher Zusammenhänge verwendet man Funktionen, um Aussagen über nicht gemessene Werte machen zu können und um ähnliche Situationen vergleichen zu können.

Daten und Zufall – Um bestimmte Fragen beantworten zu können, werden Daten gesammelt, erfasst, übersichtlich dargestellt und ausgewertet.

Potenzen

Potenzen	Ein Produkt aus n gleichen Faktoren schreibt man kürzer als Potenz. $a \cdot a \cdot a \cdot \ldots \cdot a = a^n$ a ist die Basis, n der Exponent. Es gilt: $a^1 = a$	Basis Exponent $5^4 = 625$ Potenz Potenzwert
Potenzgesetze für Potenzen mit gleicher Basis	Potenzen mit gleicher Basis können multipliziert bzw. dividiert werden, indem man ihre Exponenten addiert bzw. subtrahiert und ihre Basis beibehält: $a^m \cdot a^n = a^{m+n}$ $a^m : a^n = a^{m-n}$; $a \neq 0$	$2^5 \cdot 2^4 = 2^{5+4}$ $= 2^9 = 512$ $10^7 : 10^3 = 10^{7-3}$ $= 10^4$ $= 10\,000$
	Potenzen können potenziert werden, indem man ihre Exponenten multipliziert: $(a^m)^n = a^{m \cdot n} = a^{mn}$	$(3^2)^3 = 3^{2 \cdot 3}$ $= 3^6$ $= 729$
Potenzgesetze für Potenzen mit gleichen Exponenten	Potenzen mit gleichen Exponenten können multipliziert bzw. dividiert werden, indem man ihre Basen multipliziert bzw. dividiert und den Exponenten beibehält: $a^m \cdot b^m = (a\,b)^m$ $\frac{a^m}{b^m} = \left(\frac{a}{b}\right)^m$; $b \neq 0$	$4^3 \cdot 5^3 = (4 \cdot 5)^3$ $= 20^3$ $= 8000$ $8^5 : 4^5 = (8 : 4)^5$ $= 2^5$ $= 32$
Potenzgesetze für Potenzen mit negativen Exponenten	Potenzen mit einer negativen ganzen Zahl im Exponenten sind erklärt durch $a^{-n} = \frac{1}{a^n}$; $a \neq 0$. Potenzen mit Exponent 0 sind erklärt durch $a^0 = 1$; $a \neq 0$.	$2^{-5} = \frac{1}{2^5} = \frac{1}{32}$ $0{,}4^{-5} = \frac{1}{0{,}4^5} = \frac{1}{0{,}01024}$
Zahlen in wissenschaftlicher Schreibweise	Natürliche Zahlen und positive Dezimalzahlen kann man in Produkte der Form $a \cdot 10^n$ oder $a \cdot 10^{-n}$ umwandeln. Hierbei ist a eine Dezimalzahl mit genau einer Ziffer vor dem Komma, die nicht die Null ist.	$9182{,}73 = 9{,}18273 \cdot 10^3$ $0{,}000034 = 3{,}4 \cdot 10^{-5}$ $9182{,}73 \cdot 10^{-4} = 9{,}18273 \cdot 10^{-1}$ $0{,}000034 \cdot 10^7 = 3{,}4 \cdot 10^2$

Wurzeln

Quadratwurzel	Die Quadratwurzel einer positiven Zahl b ist die positive Zahl a, die mit sich multipliziert wiederum die Zahl b ergibt: $a^2 = b$. Schreibweise: $a = \sqrt{b}$ Diese Regel gilt auch für die Zahl Null.	$\sqrt{64} = 8$; da $8 \cdot 8 = 64$ $\sqrt{1{,}21} = 1{,}1$; da $1{,}1 \cdot 1{,}1 = 1{,}21$ $\sqrt{\frac{9}{49}} = \frac{3}{7}$; da $\frac{3}{7} \cdot \frac{3}{7} = \frac{9}{49}$ $\sqrt{0} = 0$; da $0 \cdot 0 = 0$
näherungsweise Bestimmung von Quadratwurzeln	Von Quadratwurzeln aus positiven Zahlen, die keine Quadratzahlen sind, lassen sich durch Eingrenzung beliebig viele Nachkommaziffern bestimmen. Jede Eingrenzung heißt **Intervall**.	$\sqrt{3}$ liegt im Intervall [1,7; 1,8], denn $1{,}7^2 < 3 < 1{,}8^2$ $\sqrt{3}$ liegt im Intervall [1,73; 1,74], denn $1{,}73^2 < 3 < 1{,}74^2$
Multiplikation und Division von Quadratwurzeln	Quadratwurzeln kann man multiplizieren bzw. dividieren, indem man die Radikanden miteinander multipliziert bzw. dividiert und dann die Wurzel zieht. $\sqrt{a} \cdot \sqrt{b} = \sqrt{a \cdot b}$ $a, b \geqq 0$ $\frac{\sqrt{a}}{\sqrt{b}} = \sqrt{\frac{a}{b}}$ $a \geqq 0, b > 0$	$\sqrt{7} \cdot \sqrt{28} = \sqrt{7 \cdot 28} = \sqrt{196} = 14$ $\frac{\sqrt{112}}{\sqrt{7}} = \sqrt{\frac{112}{7}} = \sqrt{16} = 4$
Zusammenfassen von Quadratwurzeln	Summen bzw. Differenzen, in denen Quadratwurzeln mit gleichen Radikanden vorkommen, können durch **Ausklammern** zusammengefasst werden.	$5\sqrt{3} + 2\sqrt{3} = (5 + 2)\sqrt{3} = 7\sqrt{3}$ $8\sqrt{2} - 5\sqrt{2} = 3\sqrt{2}$
teilweises Wurzelziehen	Beim **teilweisen Wurzelziehen** wird der Radikand so in ein Produkt zerlegt, dass einer der Faktoren eine Quadratzahl ist. $\sqrt{a^2 \cdot b} = \sqrt{a^2} \cdot \sqrt{b} = a \cdot \sqrt{b}$ mit $a, b \geqq 0$	$\sqrt{175} = \sqrt{25 \cdot 7} = \sqrt{25} \cdot \sqrt{7} = 5 \cdot \sqrt{7}$
Rationalmachen des Nenners	Eine Quadratwurzel im Nenner eines Bruches lässt sich durch Erweitern beseitigen.	$\frac{2\sqrt{5}}{\sqrt{2}} = \frac{2\sqrt{5} \cdot \sqrt{2}}{\sqrt{2} \cdot \sqrt{2}} = \frac{2\sqrt{5 \cdot 2}}{2} = \sqrt{10}$
Kubikwurzel	Die Kubikwurzel einer positiven Zahl b ist die positive Zahl a, deren dritte Potenz gleich der Zahl b ist: $\sqrt[3]{b} = a$; wenn $a^3 = b$ $a, b \geqq 0$	$\sqrt[3]{343} = 7$; da $7^3 = 343$
n-te Wurzel	Die n-te Wurzel einer positiven Zahl b ist die positive Zahl a, deren n-te Potenz gleich der Zahl b ist: $\sqrt[n]{b} = a$; wenn $a^n = b$ $a; b \geqq 0$; $n \in \mathbb{N} \setminus \{0\}$	$\sqrt[7]{279\,936} = 6$; da $6^7 = 279\,936$

Quadratische Gleichungen

rein quadratische Gleichungen

Rein quadratische Gleichungen kann man lösen, indem man die Gleichung nach x^2 auflöst und dann auf beiden Seiten die Wurzel zieht. Ist der Radikand positiv, hat die Gleichung zwei Lösungen; ist er negativ, gibt es keine Lösung. Hat der Radikand den Wert null, gibt es genau eine Lösung.

$$\begin{aligned} 7x^2 - 13 &= 15 &&|+13\\ 7x^2 &= 28 &&|:7\\ x^2 &= 4 &&|\sqrt{\ }\\ x_{1,2} &= \pm\sqrt{4} \\ x_1 = 2;\ x_2 &= -2 \end{aligned}$$

$L = \{-2; 2\}$

gemischt quadratische Gleichungen

- **quadratische Ergänzung**

Gemischt quadratische Gleichungen der Form $x^2 + px + q = 0$ kann man lösen, indem man den Term $x^2 + px$ quadratisch ergänzt.

$$\begin{aligned} x^2 + 6x + 5 &= 0 &&|-5\\ x^2 + 6x &= -5 &&|+\left(\tfrac{6}{2}\right)^2\\ x^2 + 6x + \left(\tfrac{6}{2}\right)^2 &= -5 + \left(\tfrac{6}{2}\right)^2 &&|\text{ Binom}\\ (x+3)^2 &= -5 + 9 &&|\sqrt{\ }\\ x + 3 &= \pm\sqrt{4} &&|-3\\ x_{1,2} &= -3 \pm \sqrt{4}\\ x_1 = -1;\ x_2 &= -5 \end{aligned}$$

$L = \{-1; -5\}$

- **Lösungsformel**

Eine gemischt quadratische Gleichung in der Normalform $x^2 + px + q = 0$ hat die Koeffizienten p und q. Die Lösung der Gleichung kann auch mit der Lösungsformel

$$x_{1,2} = -\frac{p}{2} \pm \sqrt{\left(\frac{p}{2}\right)^2 - q}$$

bestimmt werden.

Die Gleichung $x^2 + 4x - 21 = 0$ hat die Koeffizienten $p = 4$ und $q = -21$.
Einsetzen ergibt:

$$x_{1,2} = -\frac{4}{2} \pm \sqrt{\left(\frac{4}{2}\right)^2 - (-21)}$$

$$x_{1,2} = -2 \pm \sqrt{4 + 21}$$

$$x_{1,2} = -2 \pm 5$$

$$x_1 = 3;\ x_2 = -7$$

$L = \{-7; 3\}$

Bruchgleichungen

1. Vor dem Lösen einer Bruchgleichung legt man die Definitionsmenge fest.
2. Durch Multiplizieren mit einem geeigneten gemeinsamen Nenner erhält man eine Gleichung ohne Bruchterme.
3. Man vergleicht die Lösung mit der Definitionsmenge.
4. Die Lösungsmenge wird angegeben.

$$\frac{x+1}{x} + \frac{2}{x+1} = \frac{3}{x}$$

$D = \mathbb{R} \setminus \{-1; 0\}$

Gemeinsamer Nenner: $x(x+1)$

$$\frac{x+1}{x} + \frac{2}{x+1} = \frac{3}{x} \qquad |\cdot x(x+1)$$

$$\frac{(x+1)\cdot x(x+1)}{x} + \frac{2\cdot x(x+1)}{x+1} = \frac{3\cdot x(x+1)}{x}$$

$$(x+1)^2 + 2x = 3(x+1)$$

$$x^2 + 2x + 1 + 2x = 3x + 3$$

$$x^2 + x - 2 = 0$$

$$x_1 = 1;\ x_2 = -2$$

$L = \{-2; 1\}$

Lesen und Lösen

In fünf Schritten zur Lösung

1. Größen bzw. Zahlen mit Variable benennen
2. Terme und Gleichung aufstellen
3. Rechnung ausführen und Schritt für Schritt kontrollieren
4. Ergebnis prüfen: Stimmt die Probe? Stimmt die Einheit? Ist das Ergebnis sinnvoll?
5. Antwortsatz notieren

Satz des Pythagoras

Satz des Pythagoras

Ist ein Dreieck rechtwinklig, so haben die Quadrate über den beiden Katheten zusammen denselben Flächeninhalt wie das Quadrat über der Hypotenuse. Nennt man die Katheten a und b und die Hypotenuse c, gilt: $c^2 = a^2 + b^2$.

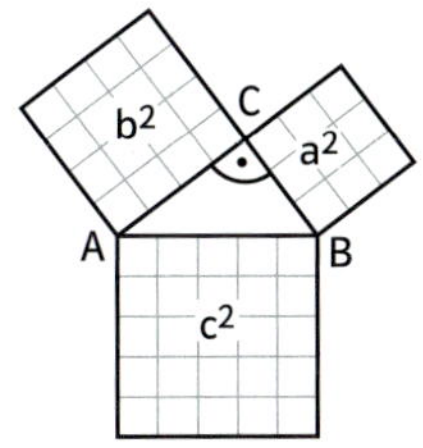

Berechnung in ebenen Figuren

Werden Strecken in ebenen Figuren berechnet, hilft meist eine Zerlegung in rechtwinklige Dreiecke.

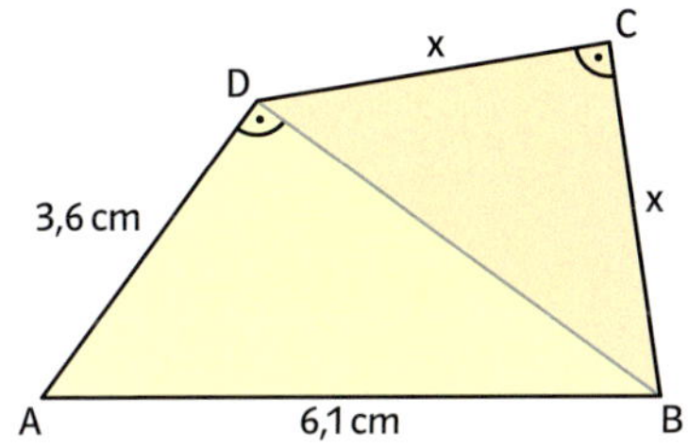

$\overline{BD}^2 = 6{,}1^2 - 3{,}6^2$

$\overline{BD} = \sqrt{24{,}25}$

$\overline{BD} = 4{,}9\,\text{cm}$

$x^2 + x^2 = 24{,}25$

$2x^2 = 24{,}25$

$x = \sqrt{12{,}125}$

$x = 3{,}5\,\text{cm}$

Berechnungen in räumlichen Figuren

Um Strecken auf oder in Körpern zu berechnen, wählt man geeignete rechtwinklige Dreiecke.

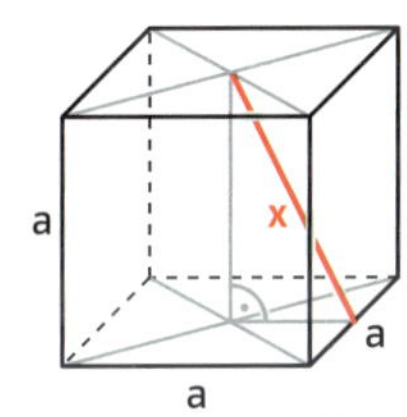

Für $a = 5{,}0\,\text{cm}$:

$x^2 = 5{,}0^2 + 2{,}5^2$

$x^2 = 31{,}25$

$x = \sqrt{31{,}25}$

$x = 5{,}6\,\text{cm}$

Rechnen mit Formvariablen

Den Satz des Pythagoras kann man zum Aufstellen von Formeln verwenden.
Die darin enthaltene Variable nennt man Formvariable.

Mit Formvariable e statt a:

$x^2 = e^2 + \left(\frac{e}{2}\right)^2$

$x^2 = e^2 + \frac{e^2}{4}$

$x^2 = \frac{5e^2}{4}$

$x = \frac{e}{2}\sqrt{5}$

Anwendungen

Bei der Berechnung von Strecken werden mithilfe von Hilfslinien zuerst rechtwinklige Dreieck festgelegt.

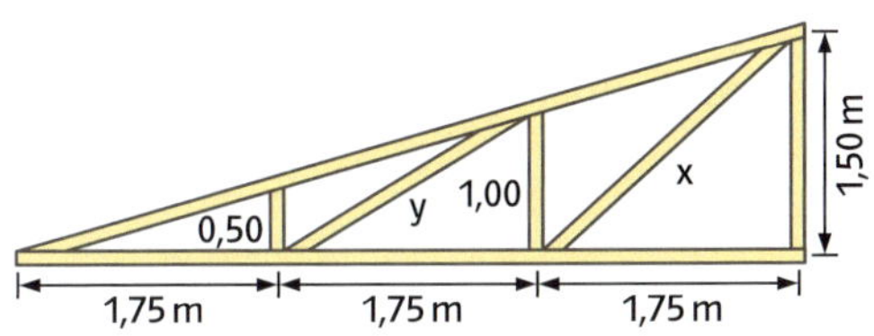

$x^2 = 1{,}75^2 + 1{,}50^2$

$x = \sqrt{5{,}3125}$

$x = 2{,}30\,\text{m}$

$y^2 = 1{,}00^2 + 1{,}75^2$

$y = \sqrt{4{,}0625}$

$y = 2{,}02\,\text{m}$

Die Balken x und y sind 2,30 m bzw. 2,02 m lang.

Kreis

Kreiszahl π

Das Verhältnis von Kreisumfang zu Kreisdurchmesser wird **Kreiszahl π** genannt.
Die Kreiszahl π ist eine irrationale Zahl, die sich nur näherungsweise angeben lässt.
π = 3,141 592 653 589 793 238 462 643 383 27 9 502 884 197 169 399 375 105 820 974 944 59 2 307 …
In Anwendungen genügt meist die Näherung 3,14.

$\frac{u}{d} = \pi$

Kreisumfang

Für den **Umfang u eines Kreises** mit dem Durchmesser d bzw. dem Radius r gilt:
$\mathbf{u = \pi d}$ bzw. $\mathbf{u = 2\pi r}$

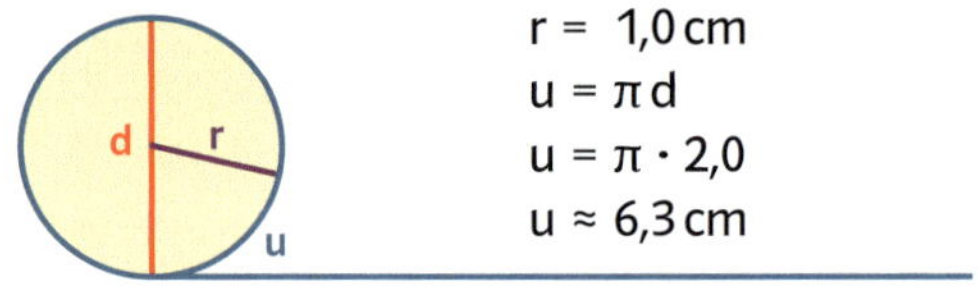

$d = 2{,}0\,cm$
$r = 1{,}0\,cm$
$u = \pi d$
$u = \pi \cdot 2{,}0$
$u \approx 6{,}3\,cm$

Kreisfläche

Für den **Flächeninhalt A eines Kreises** mit dem Radius r gilt: $A = \pi r^2$
Wegen $r = \frac{d}{2}$ gilt auch: $A = \frac{\pi d^2}{4}$

$A = \pi r^2$
$A = \pi \cdot 1{,}0^2$
$A = 3{,}1\,cm^2$

$A = \frac{\pi d^2}{4}$
$A = \frac{\pi \cdot 2{,}0^2}{4}$
$A = 3{,}1\,cm^2$

Kreisring

Der **Flächeninhalt eines Kreisrings** ist gleich der Differenz der Flächeninhalte der beiden ursprünglichen Kreise.
$A_R = \pi r_a^2 - \pi r_i^2$
$A_R = \pi(r_a^2 - r_i^2)$

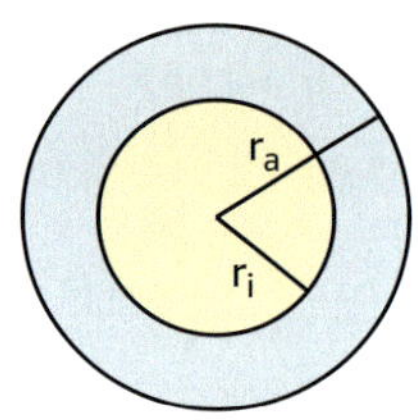

$r_a = 4{,}8\,cm$
$r_i = 2{,}1\,cm$
$A_R = \pi(r_a^2 - r_i^2)$
$A_R = \pi(4{,}8^2 - 2{,}1^2)$
$A_R = 58{,}5\,cm^2$

Kreisbogen

Die **Länge des Kreisbogens b** eines Kreisausschnittes ist proportional zum zugehörigen **Mittelpunktswinkel α**.
Es gilt:
$b = 2\pi r \cdot \frac{\alpha}{360°}$ $b = \pi r \cdot \frac{\alpha}{180°}$

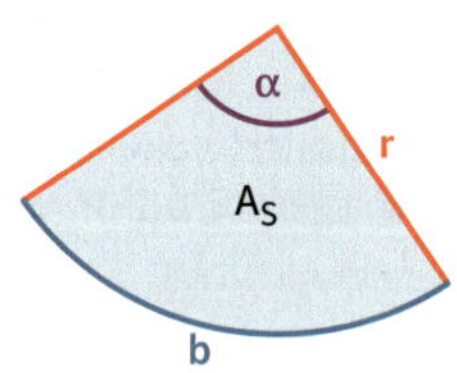

$r = 4{,}5\,cm$
$\alpha = 60°$

Kreisausschnitt

Der **Flächeninhalt des Kreisausschnittes A_S** ist proportional zum Mittelpunktswinkel α.
Es gilt:
$A_S = \pi r^2 \cdot \frac{\alpha}{360°}$ $A_S = \frac{b r}{2}$

$b = \pi r \cdot \frac{\alpha}{180°}$
$b = \pi \cdot 4{,}5 \cdot \frac{60°}{180°}$
$b = 4{,}7\,cm$

$A_S = \pi r^2 \cdot \frac{\alpha}{360°}$
$A_S = \pi \cdot 4{,}5^2 \cdot \frac{60°}{360°}$
$A_S = 10{,}6\,cm^2$

Zylinder

Oberfläche eines Zylinders

Die **Mantelfläche eines Zylinders** kann als Produkt des Grundkreisumfangs und der Zylinderhöhe berechnet werden.

$\mathbf{M = u\,h}$ $\mathbf{M = 2\pi r h}$

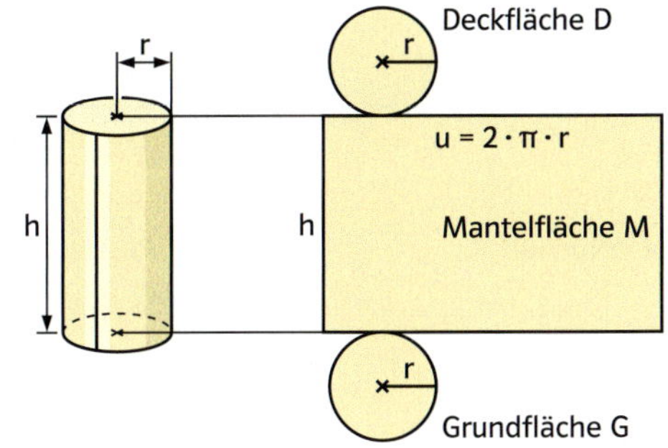

Zur Berechnung der **Oberfläche eines Zylinders** verdoppelt man den Flächeninhalt der Grundfläche und addiert die Mantelfläche.

$\mathbf{O = 2G + M}$; $\mathbf{O = 2\pi r^2 + 2\pi r h}$

r = 2,0 cm
h = 4,0 cm

$O = 2\pi r^2 + 2\pi r h$
$O = 2\pi \cdot 2{,}0^2 + 2\pi \cdot 2{,}0 \cdot 4{,}0$
$O = 25{,}1 + 50{,}3$
$O = 75{,}4\,\text{cm}^2$

Volumen eines Zylinders

Das **Volumen eines Zylinders** kann als Produkt der Grundfläche und der Höhe berechnet werden.

$\mathbf{V = G\,h}$; $\mathbf{V = \pi r^2 h}$

$V = \pi r^2 h$
$V = \pi \cdot 2{,}0^2 \cdot 4{,}0$
$V = 50{,}3\,\text{cm}^3$

zusammengesetzte Körper

Das **Volumen zusammengesetzter oder ausgehöhlter Körper** berechnet man als Summe oder Differenz der einzelnen Volumina. Es gilt also:

$\mathbf{V = V_1 + V_2}$ oder $\mathbf{V = V_1 - V_2}$

Die **Oberfläche zusammengesetzter oder ausgehöhlter Körper** lässt sich als Summe der Einzelflächen berechnen.

Zylinder:
r = 2,0 cm
h = 5,0 cm

Würfel:
a = 7,0 cm

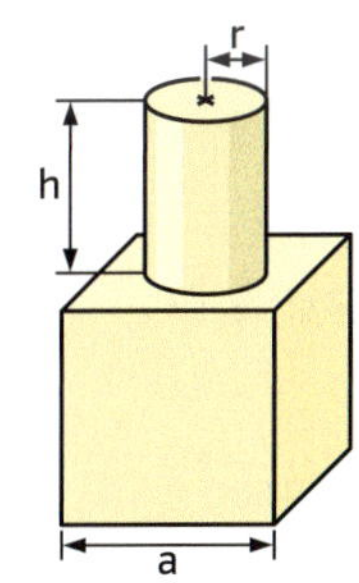

$V = V_W + V_Z$
$V = a^3 + \pi r^2 h$
$V = 7{,}0^3 + \pi \cdot 2{,}0^2 \cdot 5{,}0$
$V = 343{,}0 + 62{,}8$
$V = 405{,}8\,\text{cm}^3$

$O = 5A_Q + (A_Q - A_K) + M_Z + A_K$
$O = 6A_Q + M_Z$
$O = 6a^2 + 2\pi r h$
$O = 6 \cdot 7{,}0^2 + 2\pi \cdot 2{,}0 \cdot 5{,}0$
$O = 294{,}0 + 62{,}8$
$O = 356{,}8\,\text{cm}^2$

Pyramide

• Oberfläche

Die Oberfläche einer Pyramide ist die Summe der Flächeninhalte von Grundfläche und Mantelfläche.
$\mathbf{O = G + M}$

• Volumen

Für das Volumen einer Pyramide mit der Grundfläche G und der Pyramidenhöhe h gilt:
$\mathbf{V = \frac{1}{3} \cdot G \cdot h}$

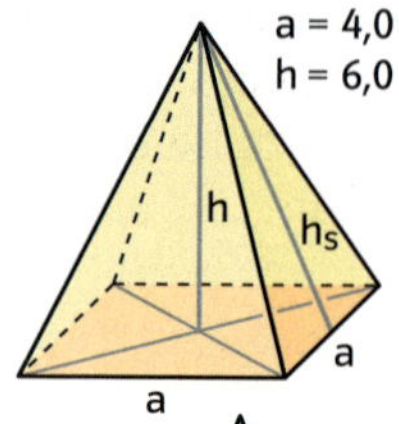

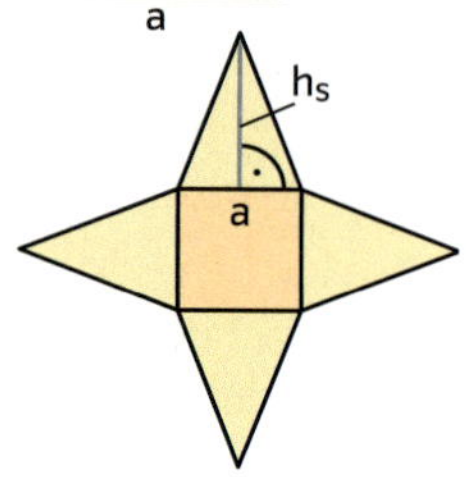

$h_s^2 = h^2 + \left(\frac{a}{2}\right)^2$
$h_s = \sqrt{6{,}0^2 + 2{,}0^2}$
$h_s = 6{,}32\,\text{cm}$
$O = a^2 + 2\,a\,h_s$
$O = 4{,}0^2 + 2 \cdot 4{,}0 \cdot 6{,}32$
$O = 66{,}6\,\text{cm}^2$
$V = \frac{1}{3}G\,h$
$V = \frac{1}{3} \cdot 4{,}0^2 \cdot 6{,}0$
$V = 32{,}0\,\text{cm}^3$

Kegel

• Oberfläche

Die Oberfläche eines Kegels ist die Summe der Flächeninhalte von Grundfläche und Mantelfläche.
$\mathbf{O = \pi \cdot r^2 + \pi \cdot r \cdot s}$

• Volumen

Für das Volumen eines Kegels mit dem Grundkreisradius r und der Kegelhöhe h gilt:
$\mathbf{V = \frac{1}{3} \cdot \pi \cdot r^2 \cdot h}$

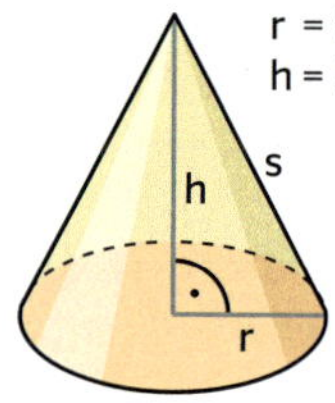

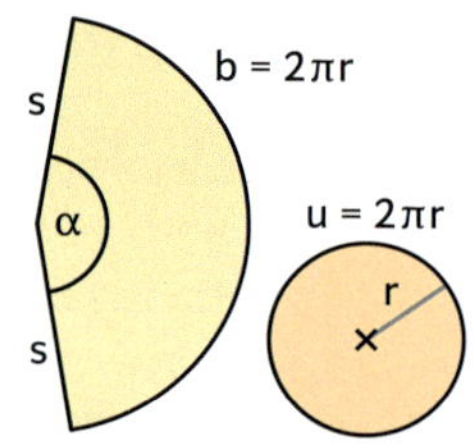

$s^2 = h^2 + r^2$
$s = \sqrt{5{,}0^2 + 2{,}0^2}$
$s = 5{,}39\,\text{cm}$
$O = \pi r^2 + \pi r s$
$O = \pi \cdot 2{,}0^2 +$
$\pi \cdot 2{,}0 \cdot 5{,}39$
$O = 46{,}4\,\text{cm}^2$
$V = \frac{1}{3}\pi r^2 h$
$V = \frac{1}{3} \cdot \pi \cdot 2{,}0^2 \cdot 5{,}0$
$V = 20{,}9\,\text{cm}^3$

Kugel

• Oberfläche

Für die Oberfläche einer Kugel mit dem Radius r gilt: $\mathbf{O = 4 \cdot \pi \cdot r^2}$

• Volumen

Für das Volumen einer Kugel mit dem Radius r gilt: $\mathbf{V = \frac{4}{3}\pi \cdot r^3}$

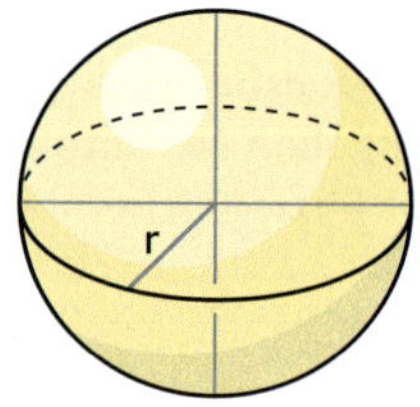

$O = 4\pi r^2$
$O = 4 \cdot \pi \cdot 4{,}0^2$
$O = 201{,}1\,\text{cm}^2$
$V = \frac{4}{3}\pi r^3$
$V = \frac{4}{3} \cdot \pi \cdot 4{,}0^3$
$V = 268{,}1\,\text{cm}^3$

zusammengesetzte Körper

Das Volumen zusammengesetzter oder ausgehöhlter Körper berechnet man als Summe oder Differenz der einzelnen Volumina. Es gilt also
$\mathbf{V = V_1 + V_2}$ oder $\mathbf{V = V_1 - V_2}$.
Die **Oberfläche** zusammengesetzter oder ausgehöhlter Körper lässt sich als Summe der Einzelflächen berechnen.

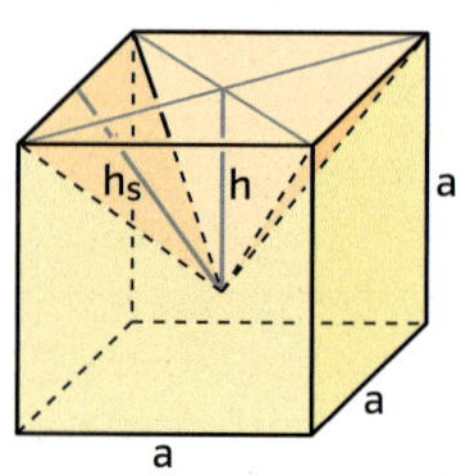

Aus einem Würfel wurde eine Pyramide herausgearbeitet.
$V = V_W - V_P$
$V = a^3 - \frac{1}{3}a^2 h$
$O = 5\,A_Q + M_P$
$O = 5\,a^2 + 2\,a\,h_s$

Strahlensätze

Vergrößern und Verkleinern

Vergrößert oder verkleinert man eine Figur, werden alle Streckenlängen mit demselben positiven Faktor k multipliziert. Gilt $k > 1$, wird die Figur vergrößert, gilt $k < 1$, wird sie verkleinert.
Geht dabei eine Strecke $\overline{AB}$ in die Strecke $\overline{A'B'}$ über, so gilt $k = \frac{\overline{A'B'}}{\overline{AB}}$.

Ändert man Seiten oder Kanten mit dem Faktor k, so ändert sich der **Flächeninhalt** einer Figur mit dem Faktor $\mathbf{f = k^2}$ und das **Volumen** eines Körpers mit dem Faktor $\mathbf{v = k^3}$.

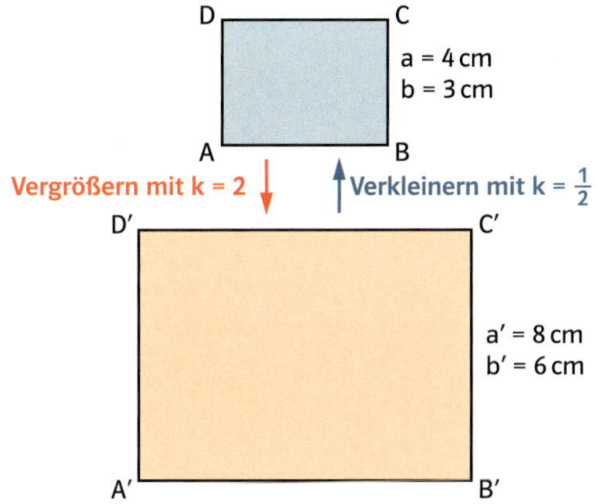

ähnliche Figuren

Durch Vergrößern oder Verkleinern einer Figur entsteht eine **ähnliche** Figur. Ähnliche Figuren stimmen in den Verhältnissen entsprechender Seiten und in entsprechenden Winkeln überein.

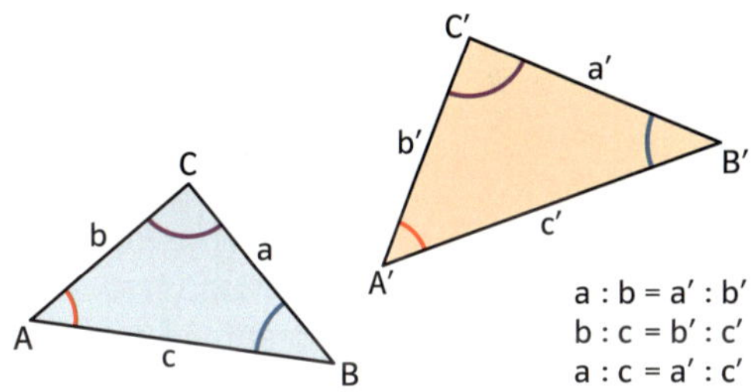

$a : b = a' : b'$
$b : c = b' : c'$
$a : c = a' : c'$

Strahlensätze

Schneiden zwei parallele Geraden die Schenkel eines Winkels, so gilt:

Erster Strahlensatz

$\frac{\overline{SB'}}{\overline{SB}} = \frac{\overline{SA'}}{\overline{SA}}$

Zweiter Strahlensatz

$\frac{\overline{A'B'}}{\overline{AB}} = \frac{\overline{SA'}}{\overline{SA}}$ und $\frac{\overline{A'B'}}{\overline{AB}} = \frac{\overline{SB'}}{\overline{SB}}$

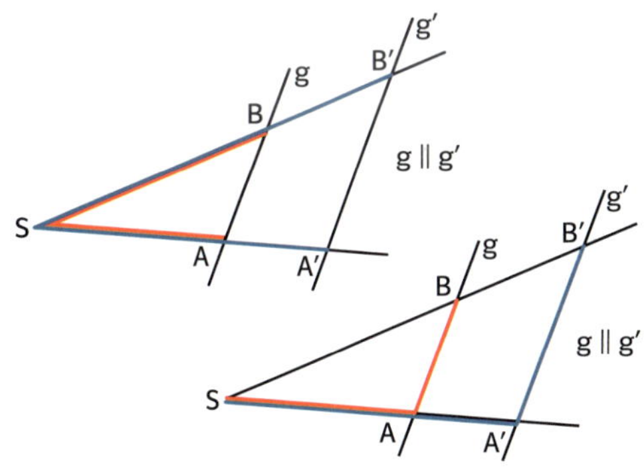

die Strahlensätze anwenden

- Ist zunächst keine Strahlensatzfigur erkennbar, so trage geeignete Hilfslinien ein.
- Prüfe, ob die Voraussetzungen der Strahlensätze erfüllt sind.
- Du musst oft Summen oder Differenzen von Längen in die Formeln einsetzen.
- Manchmal brauchst du Hilfsstrecken unbekannter Länge.
- Bringe gleichartige Größen auf die gleiche Einheit, rechne dann ohne Einheiten, füge die Einheit im Antwortsatz wieder an.

$\frac{x}{d} = \frac{y}{c}$
$\frac{x}{b} = \frac{e + y}{a}$

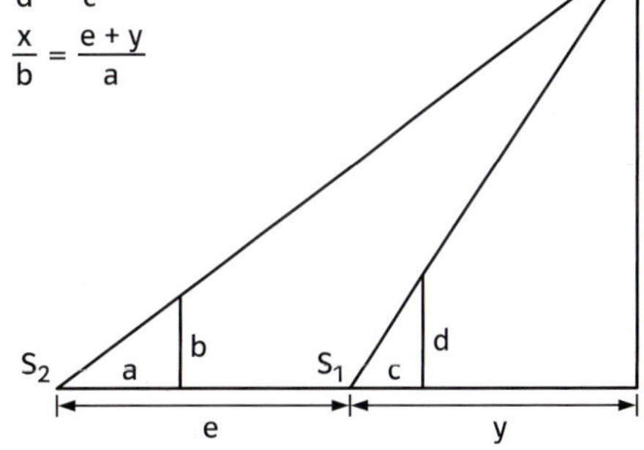

Sinus. Kosinus. Tangens

Sinus, Kosinus, Tangens

Im rechtwinkligen Dreieck gilt

$\sin\alpha = \frac{\text{Gegenkathete von } \alpha}{\text{Hypotenuse}}$; also $\sin\alpha = \frac{a}{c}$

$\cos\alpha = \frac{\text{Ankathete von } \alpha}{\text{Hypotenuse}}$; also $\cos\alpha = \frac{b}{c}$

$\tan\alpha = \frac{\text{Gegenkathete von } \alpha}{\text{Ankathete von } \alpha}$; also $\tan\alpha = \frac{a}{b}$

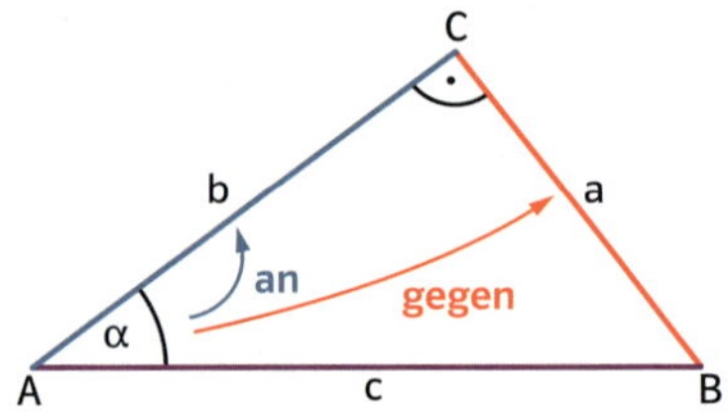

rechtwinklige Dreiecke berechnen

Im rechtwinkligen Dreieck lassen sich aus zwei Seiten oder aus einer Seite und einem spitzen Winkel die übrigen Seiten und Winkel berechnen.
In den Dreiecken rechts sind gegebene Größen blau markiert, gesuchte rot.

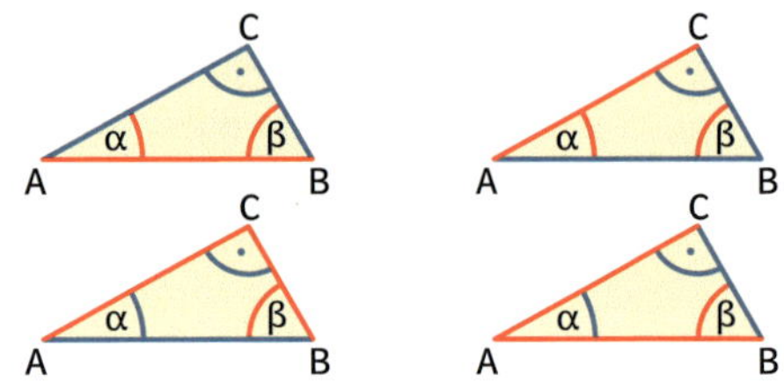

allgemeine Dreiecke berechnen

Mithilfe von Sinus, Kosinus und Tangens lassen sich aus geeigneten Stücken die fehlenden Stücke eines allgemeinen Dreiecks berechnen.
Der wichtigste Schritt ist die Zerlegung des Dreiecks in zwei rechtwinklige Teildreiecke.

a = 4,7 cm
c = 6,0 cm
γ = 63,9°

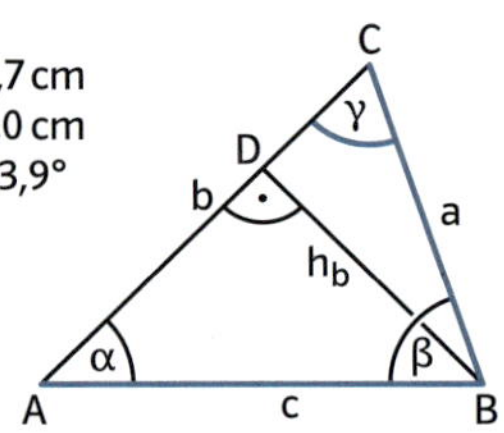

Schritt	Formel	Wert
1	$h_b = a \cdot \sin\gamma$	h_b = 4,09 cm
2	$\sin\alpha = \frac{h_b}{c}$	α = 42,97°
…	…	…

Ergebnis: α = 43,0°; …

Trigonometrie in der Ebene

Seitenlängen, Winkel und Flächeninhalt von Vierecken und Vielecken lassen sich durch Zerlegen oder Ergänzen berechnen. Geeignete Teil- oder Ergänzungsfiguren sind rechtwinklige Dreiecke, Quadrate, Rechtecke und Trapeze.

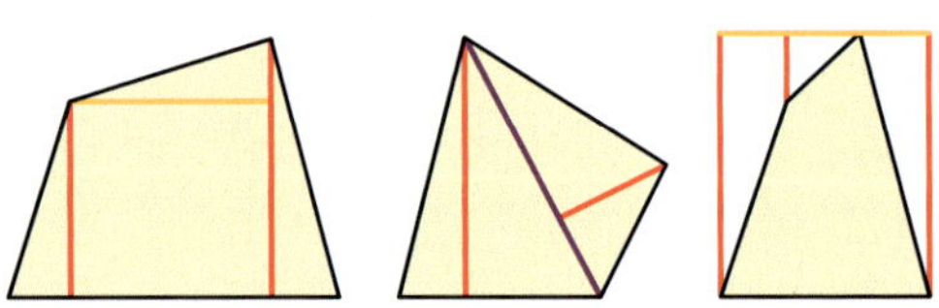

Trigonometrie im Raum

Sind Strecken und Winkel in Körpern zu berechnen, sucht man geeignete rechtwinklige Dreiecke. In diesen **Stützdreiecken** wird dann gerechnet. Es ist oft günstig, sie einzeln herauszuzeichnen.

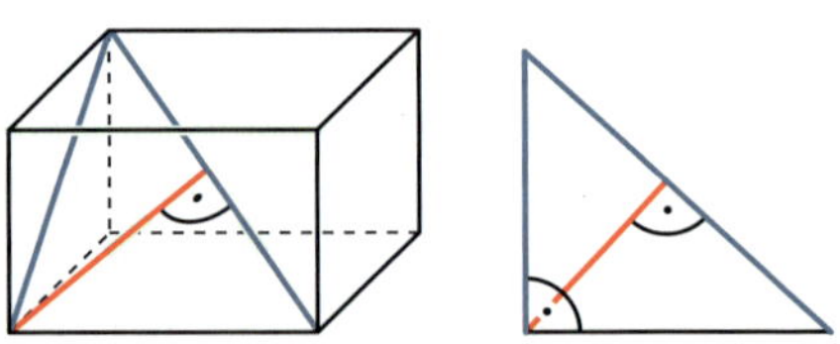

Zinsen

Zinsrechnen für einen Zeitraum kürzer als 1 Jahr

Für die Berechnung der Zinsen für einen Zeitraum, der kürzer als ein Jahr ist, werden die Jahreszinsen mit einem entsprechenden Zeitfaktor multipliziert.
1 Jahr hat bei der Bank 360 Tage und jeder Monat wird mit 30 Tagen berechnet.

Zinsen = Jahreszinsen · Zeitfaktor

$Z = K \cdot \frac{p}{100} \cdot \frac{m}{12}$

m Anzahl der Monate

$Z = K \cdot \frac{p}{100} \cdot \frac{t}{360}$

t Anzahl der Tage

Zinseszins

Wenn ein Anfangskapital mit demselben Zinssatz mehrere Jahre verzinst wird, so werden die Zinsen mit verzinst.
Das **Endkapital** nach n Jahren kann mit der **Zinseszinsformel** direkt berechnet werden.

Zinseszinsformel

$K_n = K_0 \cdot q^n$ mit $q = 1 + \frac{p}{100}$

K_0 Anfangskapital
K_n Endkapital
n Anzahl der Jahre (nur ganze Jahre)
q Zinsfaktor

Zuwachssparen

Wenn ein Anfangskapital mit jährlich steigenden Zinssätzen verzinst wird und die Zinsen mit verzinst werden, so spricht man von **Zuwachssparen** .
Das **Endkapital** nach n Jahren kann mit einer Formel direkt berechnet werden.

$K_n = K_0 \cdot q_1 \cdot q_2 \cdot \ldots \cdot q_n$

K_0 Anfangskapital
K_n Endkapital
n Anzahl der Jahre (nur ganze Jahre)
q Zinsfaktor

Ratensparen

Wenn eine jährlich eingezahlte Rate mit einem gleich bleibenden Zinssatz verzinst wird, so spricht man von **Ratensparen**.
Die **Sparsumme** nach einer Laufzeit von n Jahren kann mit einer Formel direkt berechnet werden.

$K_n = R \cdot (q^n + q^{n-1} + q^{n-2} + \ldots + q)$

K_n Sparsumme
R Rate
q Zinsfaktor
n Anzahl der Jahre

Darlehen

Beim Leihen von größeren Geldbeträgen spricht man von **Darlehen**. Sie werden von der Bank für einen längeren Zeitraum gewährt. Die Rückzahlung erfolgt in gleich bleibenden **Rückzahlungsraten**, die sich aus den **Zinsen** und der **Tilgung** zusammensetzen.
Üblicherweise wird monatlich abgerechnet.

Neue Restschuld
= Verzinste alte Restschuld
− Rückzahlungsrate

Rückzahlungsrate
= Zinsen + Tilgung

Kleinkredit

Beim Leihen von Geldbeträgen zwischen 3000 € und 50 000 € spricht man von einem **Kleinkredit**. Die Rückzahlung erfolgt in monatlichen gleich bleibenden Raten. Häufig wird eine **Bearbeitungsgebühr** erhoben.

Rückzahlungsrate

$= \frac{\text{Kreditbetrag + Zinsen + Bearbeitungsgebühr}}{\text{Laufzeit in Monaten}}$

Quadratische Funktionen

Normalparabel

Das Schaubild der einfachsten quadratischen Funktion $y = x^2$ ist die **Normalparabel**. Sie ist achsensymmetrisch zur y-Achse und ihr **Scheitel** liegt im Koordinatenursprung.

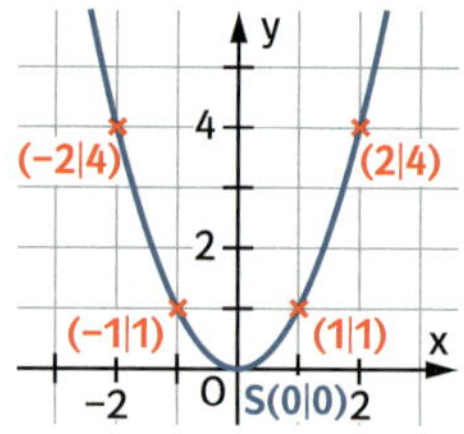

quadratische Funktionsgleichung
$y = a \cdot x^2 + c$

Der Graph der Funktion $y = ax^2 + c$ ist eine nach oben oder unten geöffnete Parabel, die schmaler oder breiter als die Normalparabel sein kann. Sie ist zusätzlich um den Summanden c in Richtung der y-Achse verschoben. Ihr Scheitel ist $S(0|c)$.

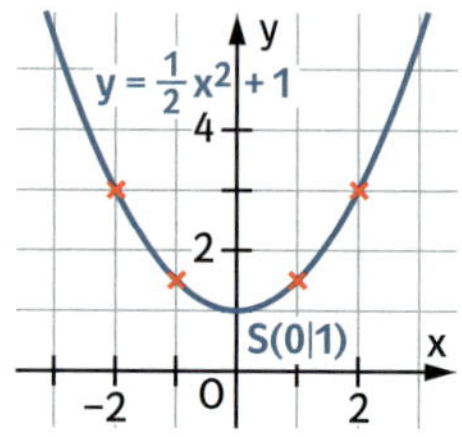

$0 < a < 1$: breiter
$a > 1$: schmaler als die Normalparabel

quadratische Funktionsgleichung in der Scheitelform
$y = (x - d)^2 + c$

Der Graph der Funktion $y = (x - d)^2 + c$ ist eine um d in Richtung der x-Achse und um c in Richtung der y-Achse **verschobene Normalparabel**.
Ihr **Scheitel** ist **$S(d|c)$**.
Durch quadratisches Ergänzen kann die Parabelgleichung $y = x^2 + px + q$ in die Scheitelform umgewandelt werden.

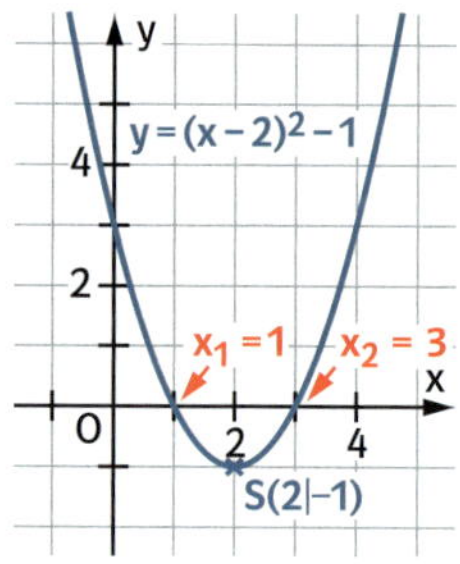

$y = x^2 - 4x + 3$
$y = x^2 - 4x + \left(\frac{4}{2}\right)^2 + 3 - \left(\frac{4}{2}\right)^2$
$y = (x - 2)^2 - 1$
$S(2|-1)$

Nullstellen einer Funktion

An den Schnittstellen des Graphen der quadratischen Funktion mit der x-Achse ist der Funktionswert y gleich null.
Den x-Wert des Schnittpunktes mit der x-Achse nennt man **Nullstelle**.

Schnittpunkte der Graphen von Funktionen

Um die Koordinaten der Schnittpunkte zweier Parabeln oder von Parabel und Gerade zu berechnen, setzt man die Funktionsterme gleich.

p_1: $y = (x + 3)^2 - 5$
p_2: $y = x^2 + 2x + 10$
Gleichsetzen:
$(x + 3)^2 - 5 = x^2 + 2x + 10$
$x^2 + 6x + 4 = x^2 + 2x + 10 \quad | - x^2 - 2x$
$4x = 6 \quad | : 4$
$x = 1{,}5$
x einsetzen: $y = 4{,}5^2 - 5$
$y = 15{,}25 \qquad P(1{,}5|15{,}25)$

modellieren mit quadratischen Funktionen

Mithilfe von quadratischen Funktionsgleichungen lassen sich Brückenbogen, Flugbahnen usw. beschreiben und Werte berechnen. Es ist notwendig, die errechneten Werte in der wirklichen Situation zu interpretieren und das Ergebnis zu bewerten. Dieses Vorgehen nennt man mathematisches Modellieren.

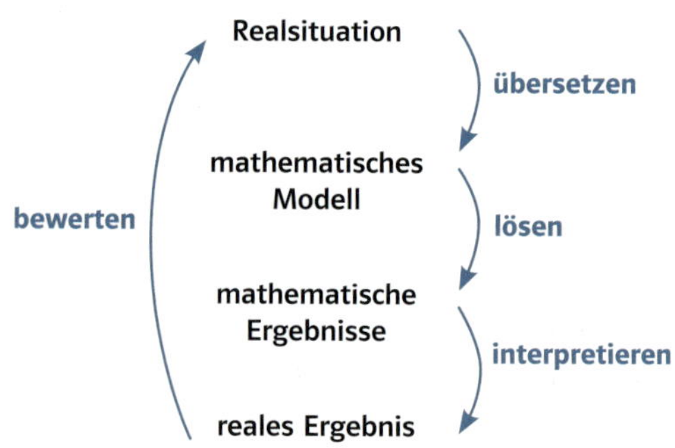

Sinus- und Kosinusfunktion

Einheitskreis

Ein rechtwinkliges Dreieck mit der Hypotenuse 1 hat die Katheten cos α und sin α. Der Punkt P auf dem Kreis mit Radius 1 und dem Koordinatenursprung als Mittelpunkt, dem **Einheitskreis**, hat die Koordinaten x = cos α und y = sin α.

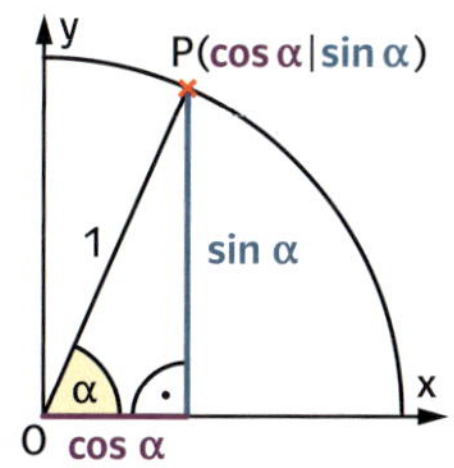

Bogenmaß

Das zum Winkel α gehörende Verhältnis $\frac{b}{r}$ heißt **Bogenmaß** des Winkels α.
Für das Bogenmaß 1 verwendet man die Bezeichnung 1 Radiant (1 rad).

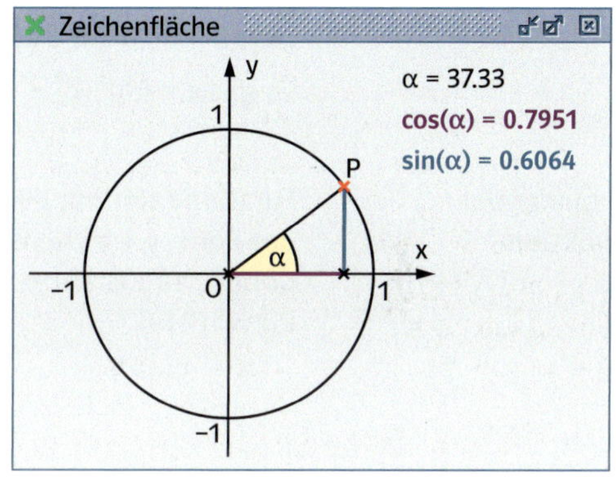

Winkelfunktionen

Überträgt man die Winkelwerte und die zugeordneten Werte für Sinus bzw. Kosinus in ein Koordinatensystem, so erhält man die Graphen der sogenannten **Winkelfunkionen**.

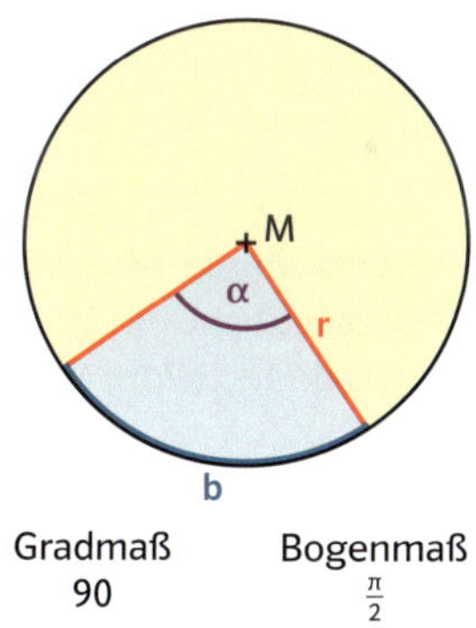

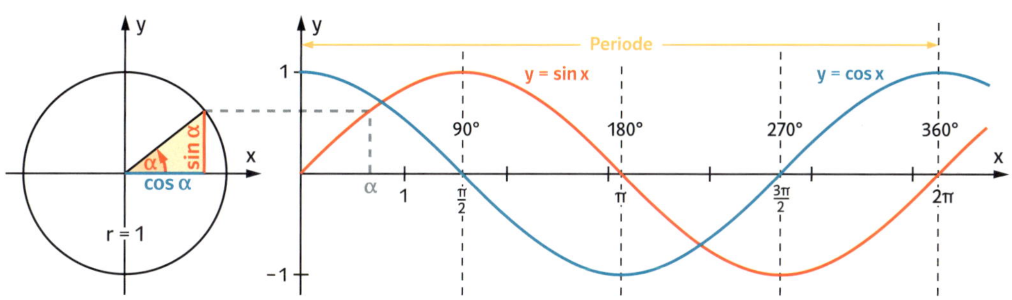

Zusammenhänge zwischen Sinus und Kosinus

Für jeden Winkel gilt:
$\sin^2 \alpha + \cos^2 \alpha = 1$
$\sin \alpha = \cos (90° - \alpha)$

Exponentialfunktionen

Expontential-gleichung

Steht die Variable einer Gleichung im Exponenten einer Potenz, so spricht man von einer **Exponentialgleichung**.

$9^x = 243$

Logarithmus

Die Hochzahl x der Gleichung $a^x = b$ heißt auch Logarithmus von b zur Basis a.
$x = \log_a(b)$
Der Taschenrechner rechnet mit dem Logarithmus zur Basis 10 : l_g
Es gilt $x = \log_a(b) = \frac{l_g(b)}{l_g(a)}$

$x = \log_9(243)$

$x = \frac{l_g(243)}{l_g(9)}$

$x = \frac{5}{2}$

Exponential-funktion

Funktonenen mit einer Funktionsgleichung der Form $y = a^x$ heißen Expontentialfunktionen. Ihre Graphen gehen alle durch den Punkt (0 | 1).

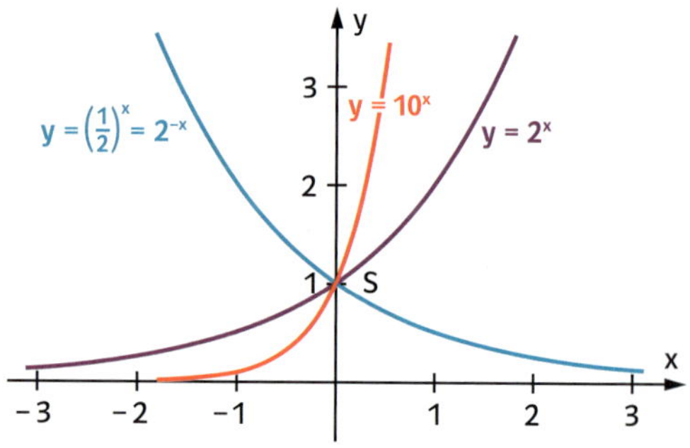

exponentielles Wachstum

Wenn eine Größe in gleichen Abschnitten um den gleichen Prozentsatz wächst (also immer mit dem gleichen Faktor vervielfacht wird), spricht man von **exponentiellem Wachstum**.

Dank Zinseszins wächst das Anfangskapitel K_0 jährlich um p%.

$K_n = k_0 \cdot \left(1 + \frac{p}{100}\right)^n$

$1 + \frac{p}{100} = q$ „Wachstumsfaktor“

Daten

Diagramme

Kreis- bzw. **Streifendiagramme** verdeutlichen die Verteilung von Anteilen. **Säulen-** und **Balkendiagramme** veranschaulichen Unterschiede und Rangfolgen. Auch zeitliche Veränderungen können so dargestellt werden. Oft eignen sich dafür aber **Liniendiagramme** noch besser.

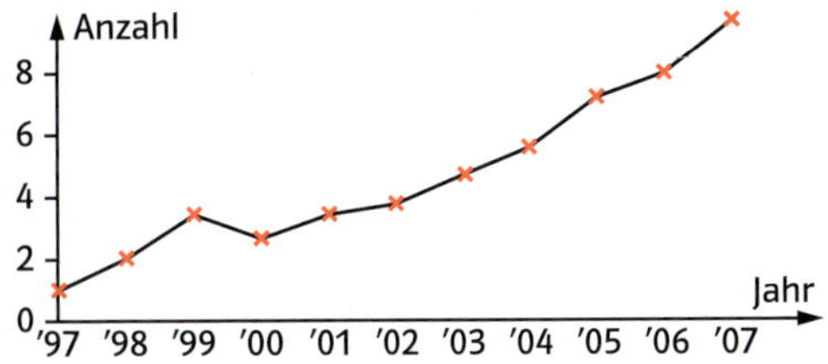

Trägt man die Wertepaare einer Erhebung als Punkte in ein Koordinatensystem ein, so entsteht ein **Streudiagramm**. Obwohl die Punkte verstreut liegen, kann man Vermutungen über die Art des zugrundeliegenden Zusammenhangs anstellen. Vermutet man eine linearen Zusammenhang, so kann man nach Augenmaß eine **Ausgleichsgerade** einzeichnen und ihre gleichung bestimmen.

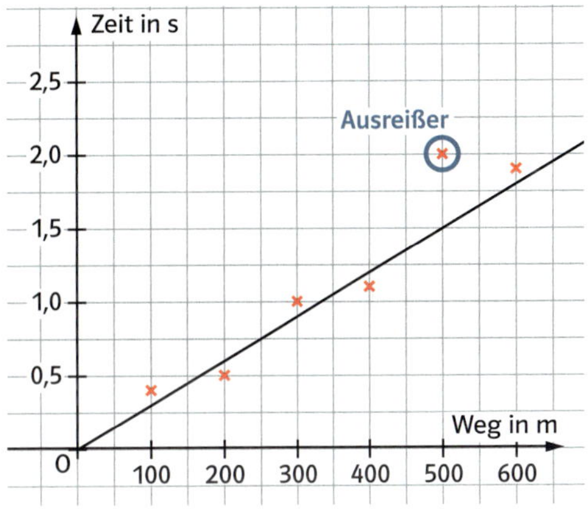

Daten auswerten

Zur Auswertung von Stichproben oder Listen verwenden wir Kennwerte. Sie erlauben Aussagen über die Lage und die Verteilung der Daten.

Die Kennwerte **Maximum**, **Minimum**, **Mittelwert** und **Zentralwert** kennzeichnen die Lage, die Kennwerte **Spannweite** und **Quartilabstand** die Verteilung.

Daten darstellen und beurteilen

Durch den Vergleich verschiedener Kennwerte kann man Datenmengen beurteilen. Boxplots sind dabei eine gute Hilfe zur Veranschaulichung.

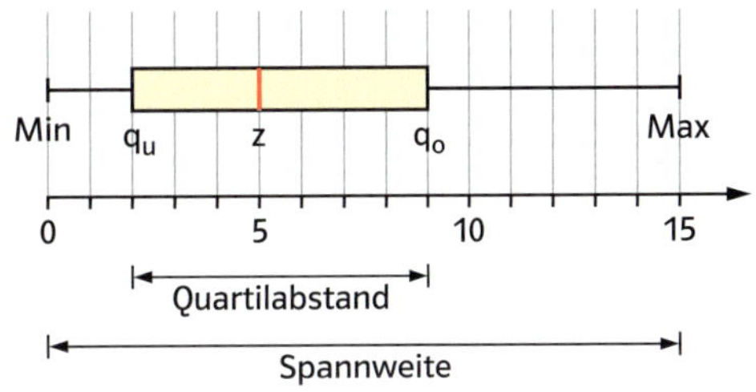

Wahrscheinlichkeitsrechnung I

Zufallsversuch Zufallsgerät	Mithilfe von **Zufallsgeräten** wie Glücksrädern, Würfeln, Losen, Karten usw. werden **Zufallsversuche** durchgeführt.	Der Münzwurf mit zwei Münzen stellt einen Zufallsversuch dar. Die beiden Münzen sind das Zufallsgerät.
mögliche Ergebnisse	Jedes denkbare Ergebnis eines Zufallsversuchs heißt **mögliches Ergebnis.**	Es gibt vier mögliche Ergebnisse. (WW); (WZ); (ZW); (ZZ)
Wahrscheinlichkeit eines Ergebnisses	Sind alle möglichen Ergebnisse eines Zufallsversuchs **gleich wahrscheinlich**, so gibt der Bruch $\frac{1}{\text{Anzahl der möglichen Ergebnisse}} = \frac{1}{n}$ die Wahrscheinlichkeit eines jeden Ergebnisses an.	Jedes Ergebnis ist gleich wahrscheinlich und hat die Wahrscheinlichkeit $\frac{1}{4} = 25\,\%$. 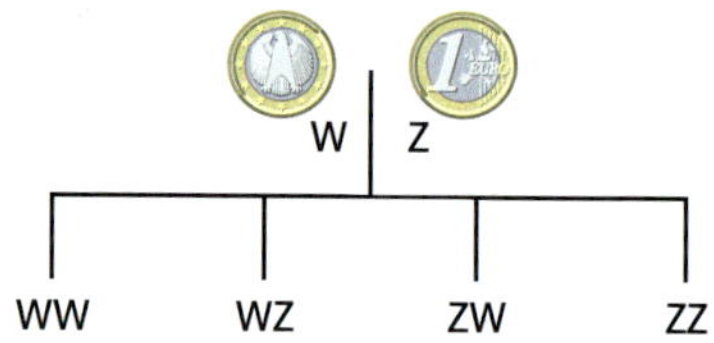
günstige Ergebnisse	Führen mehrere gleich wahrscheinliche Ergebnisse eines Zufallsversuchs zum Ziel, so nennt man diese Ergebnisse **günstige Ergebnisse**.	Hat man den Wunsch, mindestens ein Wappen zu werfen, so gibt es die drei günstigen Ergebnisse (WW), (WZ) und (ZW).
Ereignis	Alle günstigen Ergebnisse eines Zufallsversuchs bilden ein **Ereignis.**	Die drei Ergebnisse (WW), (WZ) und (ZW) bilden das Ereignis „mindestens ein Wappen werfen".
Wahrscheinlichkeit eines Ereignisses	Der Bruch $\frac{\text{Anzahl der günstigen Ergebnisse}}{\text{Anzahl der möglichen Ergebnisse}} = \frac{m}{n}$ gibt die Wahrscheinlichkeit eines Ereignisses bei gleich wahrscheinlichen Ergebnissen an.	Die Wahrscheinlichkeit für das Ereignis „mindestens ein Wappen werfen" beträgt $\frac{3}{4} = 75\,\%$.
Schätzen von Wahrscheinlichkeiten	Es gibt Zufallsversuche, bei denen die Wahrscheinlichkeiten der möglichen Ergebnisse geschätzt werden müssen. Dazu führt man den Versuch möglichst oft durch und berechnet die relative Häufigkeit. Sie kann als **Schätzwert für die Wahrscheinlichkeit** des entsprechenden Ergebnisses genommen werden.	Wie groß ist die Wahrscheinlichkeit, dass eine neue Glühbirne defekt ist? Man testet dazu 10 000 Glühbirnen und findet darunter 12 defekte Glühbirnen. Damit kann die Wahrscheinlichkeit für eine defekte Birne auf $\frac{12}{10\,000} = 0{,}0012 = 0{,}12\,\%$ geschätzt werden.

Wahrscheinlichkeitsrechnung II

mögliche Ergebnisse

Jedes denkbare Ergebnis eines Zufallsversuchs heißt **mögliches Ergebnis**.

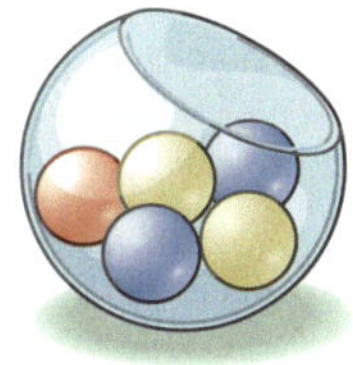

Es soll eine gelbe Kugel gezogen werden. Jede der fünf Kugeln ist ein mögliches Ergebnis ($n = 5$).

Ereignis

Alle Ergebnisse, die zu einem **Ereignis E** gehören, heißen **günstige Ergebnisse**.

günstige Ergebnisse

Sind alle Ergebnisse gleich wahrscheinlich, so gilt für die Wahrscheinlichkeit P des Ereignisses E

Wahrscheinlichkeit

$$P(E) = \frac{\text{Anzahl der günstigen Ergebnisse}}{\text{Anzahl der möglichen Ergebnisse}} = \frac{m}{n}$$

Jede der zwei gelben Kugeln ist ein günstiges Ergebnis ($m = 2$).
Das Ereignis „gelbe Kugel" hat die Wahrscheinlichkeit $\frac{m}{n} = \frac{2}{5}$.

zusammengesetztes Ereignis

Werden zwei Ereignisse E_1 und E_2 zu einem neuen Ereignis E zusammengefasst, so heißt dieses Ereignis **zusammengesetztes Ereignis**.
Haben die beiden Ereignisse E_1 und E_2 kein Ergebnis gemeinsam, so gilt:
$P(E) = P(E_1 \text{ oder } E_2) = P(E_1) + P(E_2)$

Das Ereignis „gelbe oder rote Kugel" setzt sich aus den Ereignissen „gelbe Kugel" und „rote Kugel" zusammen.
P(gelbe oder rote Kugel) = P(gelbe Kugel) + P(rote Kugel) $= \frac{2}{5} + \frac{1}{5} = \frac{3}{5}$

Gegenereignis

Die ungünstigen Ergebnisse eines Ereignisses E bilden das **Gegenereignis** $\overline{E}$.
$P(\overline{E}) = 1 - P(E)$

Das Gegenereignis von „gelbe Kugel" ist „keine gelbe Kugel". P(keine gelbe Kugel) = 1 − P(gelbe Kugel) $= 1 - \frac{2}{5} = \frac{3}{5}$

mehrstufiger Zufallsversuch

Besteht ein Zufallsversuch aus mehreren Versuchen, so heißt dieser Zufallsversuch **mehrstufiger Zufallsversuch**.

Es werden zwei Kugeln nacheinander gezogen. Die erste gezogene Kugel wird nicht zurückgelegt.

Baumdiagramm

Ein **Baumdiagramm** veranschaulicht die möglichen Ergebnisse eines mehrstufigen Zufallsversuchs und deren Wahrscheinlichkeit.

Produktregel

Bei einem Zufallsversuch ist die Wahrscheinlichkeit eines Ergebnisses gleich dem Produkt der Wahrscheinlichkeiten entlang des zugehörigen Pfades.

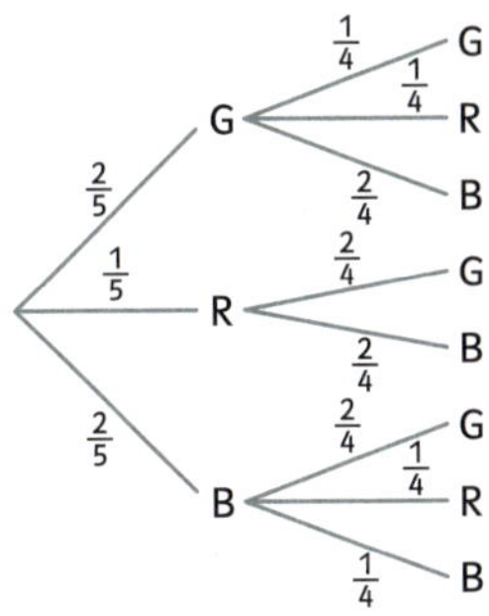

$P(G,G) = \frac{2}{5} \cdot \frac{1}{4} = \frac{1}{10}$
$P(G,R) = \frac{2}{5} \cdot \frac{1}{4} = \frac{1}{10}$
$P(G,B) = \frac{2}{5} \cdot \frac{2}{4} = \frac{1}{5}$
$P(R,G) = \frac{1}{5} \cdot \frac{2}{4} = \frac{1}{10}$
$P(R,B) = \frac{1}{5} \cdot \frac{2}{4} = \frac{1}{10}$
$P(B,G) = \frac{2}{5} \cdot \frac{2}{4} = \frac{1}{5}$
$P(B,R) = \frac{2}{5} \cdot \frac{1}{4} = \frac{1}{10}$
$P(B,B) = \frac{2}{5} \cdot \frac{1}{4} = \frac{1}{10}$

Summenregel

Die Wahrscheinlichkeit eines Ereignisses ist die Summe der Wahrscheinlichkeiten der zugehörigen Ergebnisse.

Das Ereignis „zwei gleiche Farben" setzt sich aus (G,G) und (B,B) zusammen.
P(zwei gleiche Farben) $= \frac{1}{10} + \frac{1}{10} = \frac{1}{5} = 20\,\%$

Erwartungswert

Werden den Ergebnissen eines Zufallsversuchs Zahlenwerte oder Größen zugeordnet, und diese mit den zugehörigen Wahrscheinlichkeiten multipliziert, so ist die Summe dieser Produkte der **Erwartungswert** des Zufallsversuchs.

Aus der Urne wird eine Kugel gezogen. Bei Rot erhält man 5 €, bei Gelb 1 € und bei Blau muss man 3 € zahlen. Erwartungswert: $\frac{1}{5} \cdot 5\,€ + \frac{2}{5} \cdot 1\,€ + \frac{2}{5} \cdot (-3\,€) = \frac{1}{5}\,€$
Im Mittel werden pro Spiel 0,20 € gewonnen.

Register

Die Seiten 1–40 findest du in Schnittpunkt Kompakt, Klasse 5/6 (ISBN 978-3-12-740358-5).
Die Seiten 41–85 findest du in Schnittpunkt Kompakt, Klasse 7/8 (ISBN 978-3-12-740378-7).

Die Seiten 1–40 findest du in Schnittpunkt Kompakt, Klasse 5/6 (ISBN 978-3-12-740358-5).
Die Seiten 41–85 findest du in Schnittpunkt Kompakt, Klasse 7/8 (ISBN 978-3-12-740378-7).